不出户，知天下。

不窥牖，见天道。

其出弥远，其知弥少。

是以圣人不行而知，不见而名，不为而成。

——老子《道德经》第四十七章

不同的个性不同的命

曹世潮 著

人是天生可以知道、知性、知运、知命的，我们只要唤醒天赋本能，没有不知道、性、命、运的。本书就是从此出发，让人们在两三个小时，就能对世界各个族群的个性和命运有一个大概的了解，让人们一叶而知秋，窥一斑而见全豹。

東方出版中心

图书在版编目（CIP）数据

不同的个性不同的命／曹世潮著. —上海：东方出版中心，2011.10

ISBN 978-7-5473-0412-9

Ⅰ. ①不… Ⅱ. ①曹… Ⅲ. ①性格—通俗读物
Ⅳ. B848.6-49

中国版本图书馆 CIP 数据核字(2011)第 162896 号

不同的个性不同的命

出版发行：东方出版中心
地　　址：上海市仙霞路 345 号
电　　话：021-62417400
邮政编码：200336
经　　销：全国新华书店
印　　刷：上海书刊印刷有限公司
开　　本：889×1194 毫米　1/32
字　　数：65 千
印　　张：5.5
插　　页：4
印　　数：0,001-5,000
版　　次：2011 年 10 月第 1 版第 1 次印刷
ISBN　978-7-5473-0412-9
定　　价：27.00 元

目　　录

前言

我们似乎很少知道性、命、运，很多人生来不知道自己是谁，去的时候也不知道自己是谁。很多族群生于斯，长于斯，老于斯，死于斯，但是还不知道此地的文化个性。即如上海人不知道上海人是谁，柏林人不知道柏林人是谁，里约人不知道里约人是谁，曼谷人也不知道曼谷人是谁。许多人世世代代都在一个种族上绵延上百年，上千年，上万年，但是还是不知道自己是谁。英格兰人如此，日耳曼人如此，中国人如此，法兰西人也是如此。

今天，世界已经全球化，人们开始互动、交流、贸易、发展国际关系，因为不知道对方的个性和命运(更不要说对各个族群的细部了解）产生了许多误解。如英国人当中的英格兰人、威尔士人、苏格兰人、爱尔兰人他们之间的了解不多，误解不少。至于正在战争中的各族群误解更大了，个性把人性都灭了。大部分斯里兰卡人看见荷兰人无法区别他们的形象与个性特征，反之荷兰人见到斯里兰卡人似乎也是朦朦胧胧。有时人们甚至对于北欧人、南欧人、中欧人的区别都拉不开距离。

人是天生可以知道、知性、知运、知命的。中国有句俗话叫“秀才不出门，全知天下事”，老子在几千年前就已经说了：“不出户，知天下；不窥牖，见天道。”黄石公、张良、诸葛亮、刘伯温等人上知天文，下知地理，中知人性，把这个中国看得透透的，把玩得溜溜转。陈抟、周敦颐、京房、邵雍、陆九渊、王守仁更是上知一千年，下知一千年，人类的大命运在其中被推演得一清二楚。我们只要唤醒天赋本能，没有不知道性、命、运的。

本书就是从此出发，让人们用两三个小时，就能对世界各个族群的个性和命运有一个大概的了解，让人们落一叶而知秋，窥一斑而见全豹。在长期的对各族群个性及命运的觉着的过程中，我发现一个最简单的途径就是文化比较，把各个族群放在一起一比较，各族群的个性和命运就出来了，一看就知道他们的个性是如此的不同，甚至截然相反。本书就从比较入手，从自然、文化、宗教对世界各国文化个性的设计开始，然后将各族群的社会、性情、工作、生活、休闲、娱乐，直至衣食住行的各个侧面展现在人们的面前。最后给出了各族群的个性和命运。

本书虽然讲得非常概括与简单，但是它一定可以触发多种联想：各个族群的个性为什么如此的不同？比如德国人、印度人、中国人。德国人在乾性上表现得如此突出：阳刚气、男性化、理性、制造、系统、科学、计划、法律、唯物主义；印度人在坤性上表现如此突出：阴柔气、女性化、灵性、幻学、随意、宗教性、唯心主义、软件；而中国人在两者之际，在阴阳之际、刚柔之际、硬件和软件之际、理性和灵性之际、科学和幻学之际、唯心和唯物之际。

我们可以进一步思考各个国家、民族的文化个性为什么会是如此？为什么会生成如此这般模样？比如说：加拿大的随性、犹太人的智性、土著的天性是如何形成的？犹太人获得诺贝尔奖的人很多，占了全部获奖人数的 24%略多些，从人均的角度来说无出其右者，这是令人诧异的。但是如果我们从人的应性的角度来看，那就是一件顺理成章的事情。犹太人的生存、生活环境可能是世界上最为艰难的族群，在历史上的大部分时间里，他们没有国家，没有土地，很难从事第一、第二产业，他们只能在第三产业，在科学、医学、法律、财务、商业等领域有所作为，而且非有所作为不可。

对各种个性的体会，还可以让我们看到各个族群的命运。比如，往性的美国人一定是强盛的（但美国的往性不可能持续）；来性的希腊人一定是衰弱的；而复性的新西兰人则一定是适当的（新西兰人一定可以持续）。这种趋势似乎在他们的个性没有改变之前将一如既往。

再深入体悟各个族群的个性，我们似乎可以看见各族群命运变化的可能与途径。比如：韩国所以先进，埃及所以保守，瑞士所以精神，是因为他们的个性分别是动性的、定性的和作性的。那么如果他们改变个性的话，那样的历史位置和趋势是不是可以改变呢？结论那是一定的。

本书内在的结构还是讲性、命、运，以及性、命、运的变化及其规律。如果在这样大的结构里面，我们不仅能够看到各个族群的个性，而且能够看到他们的命运，并且觉着这种命运变化的根本，那么这本书看起来还是有一定的意思的。

一 各族文化与自然

印度文化超越自然

日本文化敬畏自然

中国文化因应自然

南美文化利用自然

英美文化是征服自然

法国文化是热爱自然

沙漠文化是漠视自然

斯堪的纳维亚文化是珍惜自然

冷的地方，人就是冷（漠）

热的地方，人就是热（情）

大的地方，人就是大（个大）

小的地方，人就是小（个小）

富裕充足之处时间充足

资源紧张之处时间紧张

德国人的发展停止在生理期

美国人的发展停止在青春期

日本人的发展停止在心理期

中国人的发展停止在心理成熟期

印度人的发展停止在精神超然期

英国人的发展停止在社会（荣誉）成熟期

日本人环境设计了文化

中国人资源设计了文化

英国人态度设计了文化

德国人生存设计了文化

法国人心性设计了文化

美国人制度设计了文化

印度人精神设计了文化

日本人在东，英国人在西
德国人在北，印度人在南
新加坡人在下，埃及人在上
美国人在右，古巴人在左
中国人在中

东京充满酒肉味
里约热内卢充满汗味
巴黎充满狗屎味
伦敦充满各种香水味
开罗充满烟草味
雅典充满汽油味
纽约充满金钱味
米兰充满女人味
柏林充满男人味

印度人探究天地之道

中国人探索天地之美

西方人探索天地之用

中国的环境是正常的

尼泊尔的环境是非常的

犹太人的环境是异常的

日本的环境是无常的

瑞典气候四季极其分明

加拿大气候冷热分明

中国的气候四季分明

日本的气候四季非常

印度气候雨旱分明

德国的气候温度与湿度反常

巴黎气候一年四季

芝加哥气候一月四季

北海（英国）一日四季

二　形、相（文化比较）

德国人气血畅

爱尔兰人气血结

日本人气血淤

中国人气血缓

美国人气血急

法国人气血当

意大利人气血衰

沙特人气血旺

俄国人气血板

德国人之相：肃穆

中国人之相：机灵

日本人之相：郁闷

俄罗斯人之相：血性

意大利人之相：沉迷

美国人之相：热烈

蓝是西方的主色

绿是东方的主色

青是中国的主色

英国之绅士

俄罗斯之勇士

法国之骑士

美国之斗士

中国之侠士

日本之武士

美国人说话急

法国人说话快

巴西人说话紧

俄罗斯人说话强

爱尔兰人说话噱

英国人说话峻

南非人说话热

墨西哥人说话燥

中国人说话润

卡塔尔人说话畅

日本人说话缓

德国人说话沉

俄罗斯总统是普京

美国总统是小布什

法国总统是萨科奇

意大利总理是贝卢斯科尼

沙特国王是法赫德

阿根廷总统是克里斯蒂娜

日本首相是福田康夫

英国首相是布朗

……

德国人看印度人太随意

日本人看英国人太极端

挪威人看墨西哥人太夸张

美国人看希腊人太慵懒

三 人生（文化比较）

印度人追求梵我合一

中国人追求天人合一

德国人追求物人合一

俄罗斯人追求伟大的生活

非洲人追求快乐的生活

英国人追求荣誉的生活

意大利人追求诗意的生活

犹太人追求天堂的生活

中国人追求生活

法国人追求浪漫的生活

日本强调自生

中国强调共生

印度强调来生

阿联酋强调永生

中国人安心

印度人安神

英国人安己

德国人安身

日本人安人

印度人以为生死是神圣

马来人以为生死是热爱

美国人以为生死是使命

中国人以为生死是伦理

日本人以为生死是珍重

德国人以为生死是任务

法国人以为生死是喜欢

西班牙人以为生死是宠幸

伊拉克人不怕死

德国人死不怕

俄罗斯人敢死

日本人该死必去死

中国人该死不想死

埃及人为真主而牺牲

中国人为活而牺牲

德国人为物质而牺牲

印度人为精神而牺牲

西班牙人为情感而牺牲

日本人为义理而牺牲

英国人为阶级而牺牲

美国人为自由而牺牲

沙特阿拉伯一国一种宗教

印度一国多种宗教

世人大多一人信一种宗教

日本人一人信多种宗教

非洲人多以一种宗教为主，也信传统宗教

犹太人只信犹太教

德国恐惧未来

埃及面向未来

日本审慎未来

美国拥抱未来

印度期盼未来

中国掌握未来

法国不问未来

英国探索未来

犹太人创造未来

尼泊尔人走向未来

日本人是自生自死

伊朗人是共生共死

中国人是互生互死

犹太人是寄生寄死

土著人是天生天灭

美国人是强生弱死

英国人是独生独死

印度人是轻生重死

德国人生就是生、死就是死

俄罗斯人灵敏沉雄，麻木于细腻

美国人灵敏活动，麻木于休息

法国人灵敏性爱，麻木于羞耻

意大利人灵敏生活，麻木于性道

德国人灵敏科学，麻木于艺术

印度人灵敏来世，麻木于现世

犹太人灵敏智慧，麻木于自然

中国人灵敏因应，麻木于做作

日本人灵敏生，麻木于死

中国人问："谁像我？"

日本人问："我像谁？"

英国人问："你像我？"（没一个像的）

法国人问："你是谁？"

俄罗斯人问："谁、谁、谁……？"

美国人问："成为谁？"

德国人问："谁是我？"

所有人问："我是谁？"

埃及人问："去哪里？"

印度人问："哪里来？"

中国人问："在哪里？"

美国人问："如何去？"

希腊人从以往来（在历史中）

美国人向未来去（在未来中）

中国人在现在……（希望永远在现在）

德国人动身

法国人动心

印度人动神

印度人与世无争

德国人与世必争

中国人可争则争，不可争则不争

中国人在人

印度人在天

德国人在地

印度人一切皆有灵

法国人一切皆有生命

中国人一切皆有因缘

美国人一切皆有可能

德国人一切皆为物

英国人一切皆是对手

美国人怕老，不怕死

印度人无所谓老，无所谓死

中国人不怕老，但怕死

英国人不怕老，不怕死

都是情性中人，情感倾向不同：

法国人在浪漫

中国人在修养

西班牙人在快乐

意大利人在生活（家）

土耳其人在纯真

日本人在隐忍

俄罗斯人在郁闷

巴西人在热烈

德国人在制造

英国人在成就

美国人在利害

犹太人在交易

（物质一族）

印度人等死

日本人敢死

德国人不怕死

俄罗斯人战死

中国人避死

美国人慎死

印度人是精神生活

中国人是人伦生活

德国人是物质生活

西班牙人是情感生活

美国人是商业生活

俄罗斯人是使命生活

印度人是梵我同一

中国人是天人之际

德国人是天人二分

埃及人生活在前天

印度人生活在昨天

中国人生活在今天

美国人生活在明天

英国人生活在前后几天

印度人在再生

中国人在生

日本人在生死之间

德国人从未安顿过情感生活

印度人从未安顿过物质生活

中国人从未安顿过精神生活

美国人从未安顿过道德生活

英国人重在个人生存

中国人重在家庭生存

印尼人重在家族生存

日本人重在民族生存

印度人重在人类生存

中国人在现世

印度人在来世

埃及人在往世

生命诚可贵（中国人）

爱情价更高（法国人）

若为自由故（美国人）

两者皆可抛

四 个性（文化比较）

荷兰人心性最自由

印度人心性极自由

美国人心性很自由

法国人心性太自由

瑞典人心性有自由

英国人心性少自由

德国人心性不自由

日本人心性没自由

德国人分到不能再分为止

印度人合到不能再合为止

英国人当分则分，当合则合

中国人在分合之际

都是心性中人，中国人在伦理中

都是心性中人，法国人在艺术中

都是心性中人，俄罗斯人在尊严中

都是心性中人，西班牙人在快乐中

都是心性中人，意大利人在生活中

南方人听道

北方人看道

德国人意道

中国人味道

印度人觉道

土著人感道

日本人知道

对于死，各族以为：

俄罗斯人是勇敢

德国人是麻木

日本人是被迫

印度人是天命

英国人是极端

意大利人是畏惧

法国人是犹豫

美国人是正义

中国人是回避

德国人唯物

印度人无物

美国人重物

日本人惜物

西班牙人玩物

意大利人美物

中国人用物

俄罗斯人显物

关于行动：

日本人被动

美国人自动

中国人激动

俄罗斯人冲动

南非人乐动

西班牙人跃动

德国人律动

俄罗斯人在情性中激动

美国人在成功中激动

法国人在浪漫中激动

英国人在极性中激动

中国人在生死中激动

日本人在隐忍中激动

德国人在真理中激动

印度人在寂静中激动

巴西人在激动中激动

神性一族最忌“不敬”

情性一族最忌“不悦”

物性一族最忌“不真”

个性一族最忌“不二”

自性一族最忌“不一”

英国人应当

中国人适当

俄罗斯人失当

西班牙人不应当

美国人便当

印度人无当

日本人恰当

德国人当当

犹太人用当

土著人定当

俄国人异常

中国人日常

日本人正常

犹太人非常

英国人当常

埃及人经常

德国人到概念

法国人到观念

俄罗斯人到心性

中国人到意念

印度人到性念

英国人挑战苦难

犹太人正常苦难

中国人难堪苦难

印度人应用苦难

俄罗斯人蔑视苦难

美国人不知苦难

中国人心灵极自由

美国人心灵太自由

印度人心灵很自由

法国人心灵自由

英国人心灵难自由

德国人心灵不自由

印度人因空而静（印度人内静）

德国人因实而静（德国人外静）

美国人因二而静

中国人因雅而静

法国人静中有动

日本人动时亦静

意大利人缺乏安静

西班牙人厌恶安静

墨西哥人从不安静

德国人因生存而动

俄罗斯人因心性而动

中国人因形势而动

犹太人因利用而动

美国人制度不动，文化不动

英国人文化不动，制度动

印度人超越动与不动

德国人暴动

西班牙人热动

俄罗斯人激动

中国人晃动

日本人恒动

美国人自动

英国人涌动

法国人律动

印度人乱动

巴西人狂动

阿拉伯人的时间是循环的

印度人的时间是无限的

中国人的时间是生命的

英国人的时间是空间性的

德国人的时间是科学的、呈线性的

美国人的时间是价格的

法国人的时间是荣誉的

希腊人的时间是连续的

德国人是唯物的

印度人是唯心的

中国人是心物的

在人际关系上：

英国人是二，永远是二

美国人是二，偶尔是一

德国人是一，平时是二

中国人少数是一，大多是二

日本人大多是一，绝少是二

印度人全都是一

在情感上：

德国人不知什么是依赖

美国人相当独立

英国人相对独立

日本人是相互依赖

中国人是相当依赖

非洲人是绝对依赖

德国人最厌恶不守规则

印度人最厌恶轻视神

中国人最厌恶无情

日本人最厌恶无义

俄罗斯人最厌恶势利之人

英国人最厌恶一律

法国人最厌恶粗野

美国人最厌恶不思进取

德国人看不见浪漫

英国人看不见意象

美国人看不见恒定

中国人看不见神圣

印度人看不见时间

墨西哥人看不见禅定

法国人看不见率性

西班牙人看不见深刻

日本人看不见个性

韩国人看不见事实

俄罗斯人看不见中正

埃及人看不见变化

希腊人看不见积极

意大利人看不见丑陋

中国人可以和合，但不妥协

英国人可以妥协，但不和合

日本人可以冲突，可以和合

印度人不可冲突，可以和合

印度神性能容

英国极端能容

中国中正能容

德国科学能容

中国人应天

英国人应人

德国人应地

印度人应神

德国人最麻木

日本人最敏感

英国人最坚忍

日本人最自制

俄罗斯人最暴躁

捷克人最柔顺

德国人在物性一端

法国人在情性一端

印度人在神性一端

瑞典人在诸性之中

英国人在诸极之场

日本人在哪在哪

中国人到意念止

印度人在意念中

日本人在意念下

德国人在意念无

英国人在意念间

犹太人在意念用

印度人在祭神时最为艰苦

美国人在工作时最为艰苦

西班牙人在舞蹈时最为艰苦

英国人在休闲时最为艰苦

中国人在生活时最为艰苦

巴西人狂欢时最为艰苦

印度大而无当（至大无外）

德国小而无现（至小无内）

中国大小适宜……

德国人喜欢立体

法国人喜欢流体……

中国人喜欢方

印度人喜欢圆

情性一族中：

郁性俄罗斯人

敛性日本人

色性意大利人

心性法国人

畅性葡萄牙人

尽性西班牙人

纵性巴西人

土著人不变一万年

埃及人不变6 000年

犹太人不变2 000年

日本人不变1 000年

英国人不变600年

德国人不变100年

中国人不变30年

意大利人不变10年

法国人不变3—5年

美国人不变1—2年

五　社会／政治／宗教（文化比较）

美国人自由压倒一切

中国人生存压倒一切

英国人场压倒一切

日本人一致压倒一切

法国人情压倒一切

德国人理性压倒一切

印度人神压倒一切

西班牙人畅压倒一切

巴西人乐压倒一切

西班牙人以热情感化人

法兰西人以美感化人

英格兰人以公正感化人

德意志人以武力征服人

日本人以自虐感化人

中国人以生活感化人

中国人希望“平安无事”

日本人希望“各安其位”

德国人希望“一切清晰、规则”

美国人你的就是你的，不可能是我的

中国人你的就是你的，有可能是我的

印度人你的是我的，我的是你的

德国人我的就是我的，有可能是你的

荷兰人我的就是我的，不可能是你的

比利时人心中永远只有自己

德国人心中经常只有自己，偶尔有他人

中国人心中长时有自己，短时有他人

南非人心中长时有他人，短时有自己

土耳其人心中经常有他人，偶尔有自己

巴基斯坦人心中永远有他人

印度人心中少有你我，只有神灵

美国人以金钱为骄傲

德国人以金钱为需要

法国人以金钱为隐私

中国人以金钱为臭豆干

印度人以金钱为粪土

美国人是我干故我在

法国人是我思故我在

中国人是我感故我在

印度人是我空故我在

犹太人是我信故我在

德国人是实在故我在

德国人少有殉情的

日本人少有殉色的

中国人少有殉神的

印度人少有殉利的

英国人不能犯上

中国人不能犯下

日本人不能犯众

英国文化在动态之中

法国文化在动静之中（终极不动）

德国文化在静态之中

中国文化在随机之中

英国首相须应当

法国总统须浪漫

美国总统须幽默

俄罗斯总统须强悍

印度总统须善良

日本首相须纯朴

意大利总理须手腕

日本人凡允许的才做

德国人认为凡没允许的都是禁止的

中国人认为凡没有禁止的都是可以做的

印度人认为除了神禁止的事，任何事都可以做

民族关系处理的基本态度是：

一个俄罗斯人独酌，

两个俄罗斯人对喝，

三个俄罗斯人畅饮。

一个南非人动口（吟唱），

两个南非人动手（手势），

三个南非人动脚（舞蹈）。

一个中国人挑水喝，

两个中国人抬水喝，

三个中国人没水喝。

一个德国人想成家，

两个德国人想成立俱乐部，

三个德国人想成立政党。

一个英国人，一个呆子，

两个英国人是一场足球，

三个英国人是个不列颠帝国。

一个美国人，与自己竞争，

两个美国人，与他人竞争，

三个美国人，一块竞赛。

一个日本人，绿灯行，

十个日本人，红灯停，

百个日本人，红灯行。

一个法国人无聊，

两个法国人聊，

三个法国人没法聊（争论）。

一个日本人自由，

两个日本人自觉，

三个日本人自律。

俄罗斯人不容

印度人能容

奥地利人能融

美国人能容，不被融

英国人能容，不能融

中国人能融，不能容

日本人不容，也不融

德国人内容外不容

中国人外容内不容

美国人内外都能容

比利时人内外都不容

美国人追求成功

英国人尊重成功

中国人害怕成功

俄罗斯人打压成功

日本人忌讳成功

澳洲人不想成功

韩国人无法成功（没有人输给你）

印度人不知什么是成功

英国人问我是谁

日本人问他是谁

中国人问你是谁

法国人问你是我吗

美国人不管你是谁

德国人问是我们吗

德国人是非分明

英国人明辨是非

美国人是是非非

法国人理论是非

中国人模糊是非

马来西亚人不论是非

日本人不言是非

印度人无是非

日本人是自律

德国人是服从

美国人是遵守

法国人是优雅

英国人是自持

中国人是修养

美国人争取更好的

日本人保持好的

犹太人去掉不好的

英国人应当正好的

法国人认为自己是最好的

中国人显示好的

澳洲人没有最好与最坏的

俄罗斯人不在意好与不好的

印度人没有好与不好的

美国人力争出类拔萃

英国人悄悄地出类拔萃

韩国人力争不比你差

日本人力争与你一样

德国人力争强悍

中国人力争协调

柬埔寨人力争平和

印度人力争不二

俄国人打击出类拔萃的人

新西兰人无视出类拔萃的人

德国人正视出类拔萃的人

英国人正常出类拔萃的人

中国人努力成为出类拔萃的人

美国人尊敬出类拔萃的人

日本人出类拔萃者是谦和的

美国人因利益共存、合作

德国人因民族共存、合作

英国人因素质共存、合作

日本人因自律共存、合作

加拿大人因平和共存、合作

中国人因平衡共存、合作

法国人因修养共存、合作

英国是形容心不容

印度是心容形不容

美国是能容不能化

中国是能化不能容

法国是能容不能融

日本是形心皆不融

德国是小容大不容

俄罗斯是形心皆不容

日本人最适应变化

德国人最不适应变化

中国人能适应变化

英国人始终在应当变化

美国人始终在变化

德国人痛恨变化

中国人喜欢有点变化

法国人喜欢小变化

俄罗斯人喜欢大变化
日本人喜欢彻底变化
美国人就是变化本身
埃及人始终没变化

科威特是上帝统治的国度
希腊是诸神统治的国度
印度是诸教统治的国度
泰国是人神共治的国度
中国是天统治的国度
土著是自然统治的国度
以色列是上帝与诸神共治的国度

德国人说话，内容很重要
英国人说话，公正很重要
法国人说话，态度很重要
意大利人说话，姿态很重要

荷兰人说话，中正很重要

泰国人说话，微笑很重要

中国人说话，气氛最重要

西班牙人说话，快乐最重要

美国人说话，效率最重要

印度人说话，说着很重要

日本人说话，和合很重要

埃及人朋友之间无求而应

德国人朋友之间很少因应

美国人朋友之间大多是口头因应

中国人朋友之间随机而应

日本人朋友之间无求无应

俄罗斯朋友之间有求必应

日本的国本是“义理”

英国的国本是“荣誉”（阶级）

法国的国本是“优雅”

中国的国本是“伦理”

美国的国本是“民主”

德国的国本是“系统”

俄罗斯的国本是“使命”

印度的国本是“信仰”

德国法制绝对有效

英国法制相对有效

美国唯有法制有效

中国法制需要时有效

俄罗斯法制利用时有效

印度法制相对无效

埃及法制严重无效

你踩了英国人的脚，英国人会向你道歉

你踩了日本人的脚，日本人会感到内疚

若美国人踩了你的脚，他会向你道歉
若印度人踩了他人的脚，相视一笑走开
若法国人踩了你的脚，他会指责你
若中国人被你踩了脚，他们责备自己……

法国人彬彬有礼是出于客气
中国人彬彬有礼是出于斯文
俄罗斯人彬彬有礼是出于真诚
英国人彬彬有礼是出于修养
德国人彬彬有礼是出于规范
日本人彬彬有礼是出于自律
美国人彬彬有礼是出于法律

俄罗斯人敏感于情
德国人敏感于物
中国人敏感于心
印度人敏感于神

美国人敏感于静

法国人敏感于性

英国人敏感于我

日本人敏感于你

德国人合法

英国人合理

法国人合情

巴西人合意

美国人合利

中国人合德

日本人合义

印度人合神

日本人只有“自”，没有“我”

俄罗斯人有“我”，有“你”

英国人有“你”，有“我”

美国人重视“我”，轻视“你”

中国人有“自我”，有他人

印度人没有“我”，没有“你”

英国人生产观念及方式

中国人变化观念及方式

美国人应用观念及方式

犹太人创造观念及方式

日本人系统细致整理观念及方式

德国人深刻逻辑演绎观念及方式

俄罗斯人忽略观念及方式

俄罗斯人追求平等，可以放弃公正

中国人追求平等，其次才是公正

英国人追求公正，绝对公正，可以放弃平等

瑞典人既要公正，又要平等

美国人追求公正，不追求平等……

印度人既无意于公正，也无意于平等（逆来顺受）

英国人承认阶级，热衷于阶级

印度人反对阶级，自觉于阶级

中国人反对阶级，热衷于阶级

日本人反对阶级，默认阶级

美国人反对阶级，存在阶级

埃及人反对阶级，没有阶级

请对世界粮食短缺问题提出自己的看法

德国人不知道什么是“请”

美国人不知道什么是“世界”

津巴布韦人不知道什么是“粮食”

意大利人不知道什么是“短缺”

中国人不知道什么是“自己”

日本人不知道什么是“看法”

西班牙人有规则不遵守

印度人无规则

德国人只遵守规则

英国人遵守规则，配以道德……

中国人以伦理指导规则

日本人自觉于规则

美国人相信奋斗致富

德国人相信勤劳致富

犹太人相信智慧致富

中国人相信因应致富

西班牙人相信运气致富

印度人相信神使之致富

英国人相信不一定致富

日本人犯错误，永不宽恕

俄国人犯错误，圣餐日全部宽恕

犹太人犯错误，忏悔日自行改过

中国人犯错误，很难改过

美国人犯错误，立刻受罚

英国人很少犯错误

德国人不知什么是错误

埃及人绝不犯错误……

美国人通过工作来确认地位

德国人通过学历来确认地位

英国人通过荣誉、阶级确认地位

中国人通过学识境界确认地位

法国人通过修养来确认地位

印度人通过种姓确认地位

埃及人通过信仰确认地位

德国人靠质量赚钱

日本人靠勤劳赚钱

美国人靠品牌赚钱

犹太人靠智慧赚钱

中国人靠投机赚钱

法国人靠浪漫赚钱

意大利人靠设计赚钱

英国人靠尽性赚钱

俄罗斯人靠资源赚钱

印度人没想过赚钱

德国女性负责生儿育女

日本女性负责生活起居

俄罗斯女性负责正常生活

中国女性负责伦理情感

美国女性与男人平起平坐

德国人为物质而战

印度人为宗教而战

中国人为均贫富而战

美国人为自由而战

日本人为资源而战

法国人为荣誉而战

俄罗斯人为伟大而战

英国人为优秀而战

捷克人不战

祭神为神在（中国人）

不祭神神也在（印度人）

祭神神不在（德国人）

欧洲人将人转为神

中国人将神转为人

印度、埃及将什么都转为神

日本将什么都转为人

德国人直率，且不顾情面

美国人直率，但顾及情面

中国人委婉，因为情面

日本人沉默，情面第一

伦敦一日新一月异

纽约一月新一年异

北京一年新十年异

新德里日日如此

美国月月在变

法国季季在变

英国年年在变

德国十年一变

日本百年一变

葡萄牙千年一变

埃及永远不变

埃及人最愿意帮助他人，也很愿意受人帮助

印度人愿意帮助他人，也希望受人帮助

日本人愿意帮助他人，不愿受人帮助

意大利人愿意受人帮助，不太愿意帮助他人

英国人不愿意受人帮助，但愿意帮助他人

中国人不愿意帮助他人，也不愿意受人帮助

希腊人不变

法国人渐变

美国人变

日本人突变

英国人演变

中国人应变

法国人在雅俗处分开

美国人在利益处分开

英国人在阶级处分开

意大利人在美丑处分开

印度人在信仰处分开

中国人在情感处分开

埃及人在善恶处分开

德国人在血缘处分开

德国是国家至上

英国是文化至上

中国是民族至上

印度人是梵至上

美国人是成功至上

德国人是规律至上

国家的状态：

埃及是静

德国是定

中国是稳

法国是守

美国是变

英国是衡

日本是承

印度是化

德国的人际关系在断

英国的人际关系在隔

日本的人际关系在间

法国的人际关系在错

中国的人际关系在际

南非的人际关系在合

印度的人际关系在一

法国变化形式

美国变化形态

英国人变化性质

以色列变化观念

美国人在自由与法律上平衡

英国人在尽性与荣誉上平衡

中国人在伦理与利益上平衡

印度人在宗教与生存上平衡

日本人在自性与共性上平衡

各国政客：

法国，偷情的上台

意大利，偷情的未必下台

英国，偷情的必下台

美国，偷情的可能下台

中国，偷情的一曝光就下台

日本，偷情的无人关注

印度人讲普世真理

中国人讲伦理

埃及人讲宗教真理

日本人讲同一真理

德国人讲科学真理

英国人讲致胜真理

犹太人讲永续真理

六 产业（文化比较）

德国人没有“缠绵”

美国人没有“善”

中国人没有“极端”

俄罗斯人没有“精微”

法国人没有“机械”

印度人没有“精密”

韩国人的生意多在餐桌上谈成

俄国人的生意多在办公桌上谈成

中国人的生意茶几桌旁谈成

德国人生意多在谈判桌上谈成

美国人生意多在电话上谈成

日本人在所有流水线只有两种着装

中国人在流水线有几种着装

德国人在所有流水线上只有一种着装

法国人一种产品流水线有一种着装

美国人在一条流水线上有无数着装

日本人对产品总觉得不够小

俄国人对产品总觉得不够大

德国人对产品总觉得不够精

法国人对产品总觉得不够美

中国人对产品总觉得不够灵

美国人对产品总觉得不够快

英国人对产品总觉得不够高

美国人因活力发达

德国人因科学发达

日本人因悲情发达

法国人因情性发达

俄罗斯人因使命发达

英国人因个性发达

中国人因落后发达

韩国人因不落后发达

印度人可发达而发达

美国人擅通用

中国人擅应用

德国人擅实用

日本人擅借用

英国人擅利用

德国人擅长做精（精密制造）

美国人擅长做大（超大规模）

日本人擅长做低（极低成本）

意大利人创意

英国人创作

印度人创新

犹太人创造

美国人创业

日本主导正常

英国主导前卫

美国主导流行

法国主导时尚

意大利主导经典

七情感

德国人痛苦

沙特人凄楚

日本人哀伤

美国人哀叹

法国人悲伤

印度人抽泣

中国人痛哭

巴西人悲恸

南非人号啕

英国人沉默是因为修养

日本人沉默是不触犯他人

德国人沉默是因为理性

中国人沉默是无缘

中国人情感充沛而交往

法国人情感充沛而浪漫

西班牙人情感充沛而娱乐

俄罗斯人情感充沛而郁积

美国人情感充沛而运动

巴西人情感充沛而狂欢

日本人特别喜欢白色

德国人特别喜欢黑色

澳洲人特别喜欢黄色

法国人特别喜欢蓝色

中国人特别喜欢青色

伊朗人特别喜欢绿色

美国人特别喜欢红色

墨西哥人特别喜欢暖色

挪威人特别喜欢冷色

英国人追逐绯闻

德国人不屑绯闻

美国人纠缠绯闻

中国人扼杀绯闻

法国人忘却绯闻

希腊人太多绯闻

意大利人无所谓绯闻

德国人讲真

英国人讲际

中国人讲平

美国人讲赢

印度人讲空

日本人讲义

法国人讲美

丹麦人讲和

意大利人讲宜

巴西人讲畅

西班牙人讲乐

爱尔兰人讲

俄罗斯人讲直

法国人生产情感

意大利人沉湎情感

中国人优雅情感

西班牙人任由感情

俄罗斯人服从情感

美国人利用情感

英国人控制感情

德国人不屑感情

印度人超越感情

中国人热衷喜怒哀乐

德国人没有喜怒哀乐

俄罗斯人执著于大喜大悲

法国人修饰喜怒哀乐

日本人敏感于喜怒哀乐

美国人在喜怒哀乐

西班牙人迷恋于喜怒哀乐

英国人对怪异麻木

法国人对绯闻麻木

中国人对说谎麻木

德国人对情感麻木

俄罗斯人对强力麻木

日本人对自杀麻木

美国人对他杀麻木

德国人不哭不笑

美国人只笑不哭

中国人爱笑爱哭

西班牙人大哭大笑

英国人微笑微哭

日本人闷笑闷哭

非洲人时哭时笑、想笑就笑、想哭就哭

德国人的情感是空白的

印度人的情感是自然的

中国人的情感是郑重的

英国人的情感是忽视的

法国人的情感是优雅的

西班牙人的情感是激烈的

意大利人的情感是自由的

日本人的情感是自制的

情感梯度：

俄罗斯强于西班牙

西班牙强于巴西

巴西强于意大利

意大利强于印度

印度强于中国

中国强于日本

日本强于德国

对于性生活：

印度人神圣一点

法国人热衷一点

美国人功利一点

德国人功能一点

中国人情性一点

英国人淡一点

日本人淡很多

对于情感特性：

德国是悲情

俄罗斯是悲壮

法国是深情

西班牙是激情

意大利是浓情

英国是情

南非是亲情

埃及是真情

美国是热情

日本是深情

中国是怡情

印度是哀情

南非人心性在跳舞

西班牙人情感在跳舞

俄罗斯人全身在跳舞

爱尔兰人脚在跳舞

印度人手在跳舞

泰国人眼睛在跳舞

俄罗斯芭蕾最佳

德国器乐最佳

意大利声乐最佳

西班牙舞蹈最佳

美国流行音乐最佳

英国人思维大多为点

德国人思维大多为线

中国人思维大多为扇

日本人思维大多为圆

印度人思维大多为网

墨西哥是非常热闹的

西班牙是热闹的

日本到处是安静的

意大利没有安静之处

德国到处是寂静的

中国没有寂静之处

英国是平静的

美国没有平静之处

德国人的幽默是嘲讽的

英国人的幽默是自信的

美国人的幽默是快活的

中国人的幽默是滑稽的

南美的色彩比非洲热

非洲的色彩比亚洲热

亚洲的色彩比欧洲热

意大利的色彩比法国艳丽

法国的色彩比德国艳丽

德国的色彩比英国艳丽

英国的色彩比北欧艳丽

各族这样看待性：

印度人是性

中国人是欲

德国人是性

美国人是色

法国人是情

中国画在形神之间

西方画在形似

印度画在神似

芬兰人最喜欢冰壶

美国人最喜欢棒球

立陶宛人最喜欢篮球

瑞士人最喜欢网球

巴西人最喜欢足球

中国人最喜欢乒乓球

巴基斯坦人最喜欢板球

古巴人最喜欢排球

英国人最喜欢马球

以色彩描写性格：

荷兰人是橙色的

法国人是粉红的

德国人是黑色的

俄罗斯人是紫色的

丹麦人是白色的

中国人是黄色的

美国人是红色的

希腊人是褐色的

葡萄牙人是茄色的

加拿大人是蓝色的

在性生活上：

巴西人是滥的

希腊人是色的

意大利人是性的

法国人是浪的

英国人是德

德国人是实

八　行为（文化比较）

英国人忙于工作，总是说“不忙”

瑞士人从容工作，总是说“很忙”

美国的产品不尽完美，美国人以为很完美

德国的产品很完美，德国人以为不完美

日本人已经很努力了，总以为还不够努力

印度人不怎么努力，总以为太努力

澳洲人工作就是工作，无所谓努力不努力

德国人因时间而讲究时间，是纯粹的

美国人因效率而讲究时间，是功利的

英国人因修养而讲究时间，是道德的

中国人因生命而讲究时间，是生活的

印度人因轮回而讲究时间，是超越的
土耳其人因循环而讲究时间，是休闲的

你迟到 3—5 分钟德国人觉得你不礼貌
你迟到 10—15 分钟美国人觉得你不礼貌
你迟到 30—60 分钟中国人觉得你不礼貌
你迟到半天西班牙人觉得你不礼貌
你爽约了，印度人没觉得你不礼貌

中国人说话的重音在句子的中部
日本人说话的重音在尾部
匈牙利人说话的重音在头部

日本人发言是如履薄冰
德国人发言是照本宣科
美国人发言是提纲挈领
法国人发言是神采飞扬

中国人发言是即兴发挥

印度人发言是口若悬河

印度人生活无规则

美国人生活少规则

意大利人生活泛规则

中国人生活大规则

英国人生活讲规则

日本人生活守规则

德国人生活死规则

英国人的优雅是不言的

法国人的优雅是展开的

意大利人的优雅是显现的

日本人的优雅是隐没的

中国人的优雅是自然的

法国人用鼻子探究新奇的东西（闻道）

德国人用耳朵探究新奇的东西（听道）

中国人用嘴巴探究新奇的东西（味道）

美国人用手（实验）探究新奇的东西（能道）

犹太人用脑子探究新奇的东西（意道）

英国人用眼睛探究新奇的东西（见道）

印度人的话比意大利人多

意大利人的话比法国人多

法国人的话比西班牙人多

西班牙人的话比中国人多

中国人的话比德国人多

德国人的话比英国人多

英国人的话比日本人多

中国人是一定要帮你的

澳洲人是努力帮你的

英国人问是否要帮你的
德国人按规定帮你的
荷兰人是你要求才帮你的
日本人是不要求他人帮助的
印度人是你没要求也帮你的

韩国人的笑是因应的
美国人的笑是随意的
中国人的笑是复杂的
德国人的笑是难得的
泰国人的笑是日常的
英国人的笑是矜持的
法国人的笑是会意的
南非人的笑是天然的
柬埔寨人的笑是真诚的
新西兰人的笑是率性的

印度人沉默是尴尬

中国人沉默是无聊

美国人沉默是空虚

韩国人沉默是深交

日本人沉默是揣摩

法国人沉默是思考

英国人沉默是尊重

德国人沉默是沉默

德国人知无不言

英国人知未必言

中国人言未必知

法国人倾其所知

印度人言之凿凿

日本人言而无意

新西兰人微笑

日本人鞠躬

德国人握手

法国人拥抱

中国人招呼

美国人赞美虚情假意

法国人赞美真心诚意（一定要真美）

中国人赞美三心二意

德国人赞美一心一意（真）

日本人赞美无心无意

俄罗斯人赞美实心实意

美国人以赞美激励人

中国人以批评激励人

日本人以自律激励人

德国人以结果激励人

英国人以公正激励人

印度人以未来激励人

法国人以当下激励人

澳大利亚人以正常激励人

德国人几乎100%用语言交流

法国人80%用语言交流

意大利人70%用语言交流

西班牙人60%用语言交流

中国人50%用语言交流

日本人40%用语言交流

(其余用肢体或潜语言)

德国人以法自律

日本人以（义）理自律

英国人以当自律

印度人以未来自律

中国人以生活自律

埃及人做事首先问“真主同意吗”

中国人做事首先问“人同意吗”

印度人做事首先问“来世同意吗”

美国人做事首先问“未来同意吗”

英国人做事首先问“我同意吗”

日本人做事首先问“上司同意吗”

德国人做事首先问“科学同意吗”

英国人凡事问个“为什么”

印度人凡事不问：“为什么”

中国人凡事问：“谁干的（或谁来干）”

美国人凡事问：“干什么”（个性）

德国人凡事问：“怎么干”

犹太人凡事问：“什么事”

日本人凡事不问为什么只管干

德国人实事求是

中国人见机行事

美国人就事论事

日本人照章办事

西班牙人无所事事（寻衅滋事）

印度人相安无事

中国人想通了再干（人生）

印度人干完了再想（人生四期）

德国人只有干，没有想

埃及人只干不想

美国人边干边想

德国人只干不说

英国人干了不想说

法国人边说边干

美国人说了再干

中国人说得多，干得少

印度人只想说不想干

日本人强于干、弱于说

意大利人说得好，干得差

德国人会议开始时就已总结

中国人会议到最后总结

英国人会议永不总结

在做一件事情以前：

俄罗斯人在理想上做好准备

德国人在科学上完全做好准备

法国人在方法上做好准备

美国人在方向上做好准备

中国人在人、财、物上做好准备

印度人什么也不准备

如果你嘴角有饼屑：

德国人在意你饼屑，并直接指出

中国人在意你饼屑，但不会指出

印度人不在意你饼屑，更不会指出

南非人帮你撸去饼屑

英国人嘴角不可能粘上饼屑

日本人不评先进

澳洲人反对先进

德国人不在意先进

俄罗斯人贬损先进

中国人不当先进

英国人积极先进

美国人争当先进

韩国人不当后进

九 生活（文化比较）

中国人喜欢智力游戏

英国人喜欢体能游戏

法国人喜欢情感游戏

西班牙人喜欢激动的游戏

美国人喜欢竞争的游戏

埃及人喜欢安逸的游戏

新西兰人喜欢休闲的游戏

什么样的产品让他们感动?

美国人是激动的

法国人是新的

意大利人是美的

德国人是精的

中国人是价廉物美的

日本人是适宜的

丹麦人是童趣的

澳洲人是平常的

新西兰人是实用的

犹太人是智慧的

印度人是精神的

沙特人是信仰的

土著人是天然的

荷兰人是赢利的

各民族对消费品的要求：

德国人要的是质量

意大利人要的是艺术

法国人要的是浪漫

西班牙人要的是愉悦

中国人要的是体面

美国人要的是快捷

英国人要的是尊严

印度人要的是实在

日本人要的是平和

没有横道线德国人不过马路

没有横道线印度人过马路

英国人绿灯过马路

西班牙人红灯也过马路

美国人个人闯红灯

日本人集体闯红灯

中国人没车闯红灯

希腊人车水马龙闯红灯

与母亲的关系：

意大利人热爱母亲（高于妻子）

日本人依赖母亲

中国人亲切母亲

法国人朋友母亲

英国人远离母亲

美国人忽略母亲

德国人母亲就是母亲

南非人随时接待访客

中国人方便时接待访客

法国人预约接待访客

英国人不做不速之客

德国人拒绝不速之客

荷兰人请出不速之客

日本人很少成为访客

比利时人不见不速之客

印度人多是不速之客

伊朗人的节庆是神圣的

日本人的节庆是真挚的

北欧人的节庆是清明的

中国人的节庆是实惠的

泰国人的节庆是世俗的

美国人的节庆是积极的

法国人的节庆是浪漫的

印度人的节庆是绚丽的

西班牙人的节庆是热烈的

巴西人的节庆是疯狂的

印度人不在乎钱

西班牙人不差钱

法国人羞于谈钱

中国人复杂于钱

英国人利用钱

美国人只知道钱

日本人谨慎于钱

瑞士人储钱

澳洲人花钱

西班牙凌晨一点睡觉

巴西人子夜睡觉

法国人十一时睡觉

美国人十时睡觉

中国人九时睡觉

德国人八时睡觉

印度人七时睡觉

前列腺发病意大利人第一

前列腺发病法国人第二

前列腺发病中国人第三

前列腺发病美国人第四

前列腺发病英国人次低

前列腺发病德国人最低

印度人不喜欢技术

英国人不喜欢学术

中国人不喜欢手术

德国人不喜欢艺术

美国人不喜欢魔术

日本人不喜欢幻术

沙特人不喜欢相术

德国人喜欢技术

意大利人喜欢相术

法国人喜欢艺术

印度人喜欢幻术

韩国人喜欢手术

俄罗斯人喜欢魔术

犹太人喜欢学术

英国人喜欢谋术

中国人喜欢法术

土著人喜欢幻术

德国人的嘴主要用于吃

中国人的嘴主要用于尝

印度人的嘴主要用于讲

法国人的嘴主要用于吻

日本人的嘴主要用于呼吸

意大利人的嘴主要用于唱

西班牙人的嘴主要用于喊

美国乞丐说：我要……

澳洲乞丐说：因为……

中国乞丐说：我难……

埃及乞丐说：我痛苦……

印度乞丐说：我受……

英国乞丐不说，你看着办

日本没有乞丐

在日常生活中：

德国人最喜欢汽车

法国人最喜欢时装

中国人最喜欢家

英国人最喜欢宠物

意大利人最喜欢食物

每天：

印度人最期待的是神的降临

中国人最期待的是惊喜

德国人最期待的是一切如故

西班牙人最期待的是遇到故友

法国人最期待的是新事物

中国人无聊才聊天

德国人认为聊天才无聊

印度人以聊天为乐

美国人为工作聊天

美国人用未来的（明天）钱

澳大利亚人用现在的（今天）钱

中国人用过去的（昨天）钱

德国人什么时候用什么钱

德国人追求科学的生活

波兰人追求独立的生活

法国人追求优雅的生活

中国人追求正常的生活

犹太人追求天堂的生活

意大利人追求诗意的生活

英国人追求荣誉的生活

非洲人追求快乐的生活

俄罗斯人追求伟大的生活

北欧人追求高质量的生活

西班牙人追求热烈的生活

美国人追求成功的生活

日本人追求安定的生活

印度人追求天然的生活

泰国人追求善意的生活

英国人喜欢在会馆聚会

爱尔兰人喜欢在酒馆聚会

土耳其人喜欢在咖啡馆聚会

日本人喜欢在餐馆聚会

中国人喜欢在饭馆聚会

美国人喜欢在球馆聚会

印度人喜欢在茶馆聚会

中国人别扭于称您

法国人习惯于称您

德国人把你当作您称你，把你当作你称您

美国人习惯于直呼其名

日本人习惯于用职务称呼您

英国人习惯于用荣誉称号称呼你

西班牙人激动身体

美国人运动身体

英国人挑战身体

德国人强壮身体

法国人美化身体

意大利人柔化身体

希腊人快活身体

中国人滋养身体

印度人摧残身体

日本人学习身体

瑞典人正常身体

土著以部落为生活单位

南非人以家族为生活单位

日本人以三代为生活单位

德国人以两代为生活单位

美国人以半个家庭为生活单位

英国人以个人为生活单位

工业化国家贪睡榜：

1. 法国人：8.83 小时

2. 美国人：8.63 小时

3. 西班牙人：8.56 小时

4. 澳大利亚人：8.53 小时

5. 加拿大人：8.48 小时

6. 比利时人：8.41 小时

7. 英国人：8.38 小时

8. 墨西哥人：8.35 小时

9. 意大利人：8.3 小时

10. 德国人：8.2 小时

11. 日本人：7.83 小时

12. 韩国人：7.81 小时

德国人规范孩子

英国人独立孩子

美国人训练孩子

法国人教育孩子

中国人培养孩子

印度人热爱孩子

澳洲人尊重孩子

日本人宠爱孩子

马来人溺爱孩子

丹麦人如同孩子

西班牙人放纵孩子

十 衣（文化比较）

德国人闻着有肉味

印度人闻着有菜味

美国人闻着有奶味

法国人闻着有香水味

中国人闻着有体味

日本人无味

新西兰人一年四季着便装

澳洲人一年四季着休闲装

南非人一年四季着简装

德国人一年四季着正装

法国人一年四季着时装

美国人一年四季着运动装

中国人一年四季不同装

英国人一年四季着军装（制服）

日本人一年四季着工装

新西兰人内裤当外裤

澳洲人内衣当外衣

中国人睡衣当外衣

意大利人男人穿女衣（女装化）

法国人西服休闲化

英国人服装时空化

德国人西服就是西服

新西兰人光脚

澳大利亚人穿软底拖鞋

日本人穿硬底拖鞋

中国人无跟鞋（跟部无鞋帮）

美国人休闲鞋

意大利人软底鞋

法国人穿皮鞋

德国人穿硬底鞋

俄罗斯人穿靴子

做客时：

美国人进门不换鞋

中国人进门换一次鞋

日本人进门换两次鞋

十一 食（文化比较）

印度人多食素

挪威人多食荤

中国人多杂食

喝酒：

德国人是自斟自酌

日本人是互醉对喝

波兰人是共醉同喝

中国人是主斟同喝

俄罗斯人醉了再喝

埃及人不喝

意大利人视烹饪为能力

中国人视烹调为生活

法国人以烹调为艺术

英国人以烹调为末流

德国人烹饪就是烹饪

日本人视烹调为生命

日本人是数代在一家酒店吃同样的食物

美国人是在不同的店里吃同一食品

德国人是在同一地方吃同一食品

中国人在不同的店吃不同的食品

法国人在前后餐吃不同的食物

德国人吃得太多

日本人吃得太少

希腊人吃得太甜

墨西哥人吃得太辣

印度人吃得太香

中国人吃得太杂

美国人吃得太快

意大利人吃得太慢

法国人吃得太精

英国人吃得太粗

德国人爱吃猪肉

瑞士人爱吃马肉

蒙古人爱吃羊肉

俄罗斯人爱吃牛肉

韩国人爱吃狗肉

美国人爱吃鸡肉

中国人爱吃鸭肉

日本人爱吃鱼肉

法国人爱吃蜗牛肉

印度人不爱吃肉

美国人喜欢喝饮料

法国人喜欢喝葡萄酒

英国人喜欢喝威士忌

俄罗斯人喜欢喝伏特加

中国人喜欢喝绿茶

印度人喜欢喝红茶

日本人喜欢喝混合茶

日本人生的吃

西班牙人半生吃

中国人熟了吃

印度人烂了吃

英国人烤了吃

美国人炸了吃

印度人煮了吃

西班牙人焖了吃

法国人美化了吃

法国人饮食吃排场

意大利人饮食讲享受

美国人饮食吃高效

中国人饮食吃味道

英国人饮食吃程序

日本人饮食吃时鲜

德国人饮食吃饱

越南人饮食吃礼貌

一顿正餐俄罗斯人朋友聚餐不限时

西班牙人朋友聚餐五小时

意大利人朋友聚餐四小时

法国人朋友聚餐三小时

日本人朋友聚餐二小时

中国人朋友聚餐一小时

美国人朋友聚餐半小时

印度人朋友聚餐随时吃

韩国人吃辣

印度人吃香

希腊人吃甜

丹麦人清纯

意大利人混沌

中国人复合

法国人立体

日本人原味

德国人浓重

墨西哥人刺激

土耳其的菜简单而美味

法国菜复杂而做作

意大利菜家常而入味

中国菜味道其中

请客：

德国人只是询问，并不邀请你

美国人只是邀请，并不等待回应

法国人邀请一次

中国人邀请两次

日本人邀请三次

德国人书面邀请你吃晚饭，书面道谢

英国人口头邀请你吃晚饭，书面道谢

法国人口头邀请你吃晚饭，口头道谢

意大利人口头邀请你吃晚饭，无须道谢

就餐时：

比利时人你不请自来，请你走人

南非人你不请自来，请你吃饭

俄罗斯人你不请自来，请你共餐（虽然他们吃过了）

中国人你不请自来，自己赶紧吃完

日本人你不请自来，几乎没有

俄罗斯人喝酒为尽性

美国人喝酒为个性

法国人喝酒为品性

德国人喝酒为喝饱

英国人喝酒为喝酒

中国人喝酒为雅兴

日本人喝酒为消遣

晚餐：

西班牙人最晚（开饭）

德国人最早

法国人最满（全家人聚齐）

英国人最少（全家往往聚不齐）

中国人最饱

日本人最宜

意大利人最长（就餐时间最长）

美国人最短

肉制品加工后：

德国成块（肉饼、肉丸）

意大利成饼

法国成条（丁）

中国成丝

日本成丁

印度成米

法国人以为奶酪是活的

美国人以为奶酪是死的

中国人以为奶酪是洋的

瑞士人以为奶酪是土的

英国人重视早餐

德国人重视午餐

法国人重视晚餐

中国人重视每餐

美国人忽视每一餐

印度人一餐是一餐

德国菜块状

中国菜粒状

印度菜糊状

法国人非喝葡萄酒不可

瑞士人非吃奶酪不可

德国人非吃香肠不可（吃肉）

中国人非吃零食不可

美国人非吃花生酱不可

日本人非吃刺身不可

希腊人非吃甜点不可

墨西哥人非吃辣的不可

韩国人非辣的不吃

印度人非吃香的不可

印度人偏爱酸辣味

法国人偏爱美味的

日本人偏爱原味的

意大利人偏爱家常味的

葡萄牙人偏爱甜味的

英国人偏爱品味的

西班牙人偏爱混合味的（饭菜汤不分）

丹麦人有啤酒

法国人有葡萄酒

苏格兰人有威士忌

瑞典人有杜松子酒

俄罗斯人有伏特加

日本人有清酒

中国人有白酒

俄罗斯人的烈酒无味无色

瑞典人的烈酒很甜

德国人的啤酒高质量

中国人的白酒浓香

英国人的白兰地酒香喷鼻

法国人的葡萄酒口味复杂

日本人的清酒清淡

饮食：

英国人讲器　　法国人讲形

日本人讲时　　德国人讲滋

印度人讲味　　中国人讲道

十二　住（文化比较）

日本的建筑空间尺度最小

中国其次

意大利再次

德国再次

美国再次

俄罗斯最大

建筑：

俄罗斯宏伟

伊朗神圣

印度庄严

中国斯文

日本简朴

意大利华丽

法国浪漫

英国极致

西班牙扭动

德国刻意

总结

德国人是乾性的，所以强

印度人是坤性的，所以弱

中国人是易性的，所以宜

新加坡人是身性的，所以富

法国人是情性的，所以时尚

沙特人是神性的，所以庄严

韩国人是动性的，所以先进

埃及人是定性的，所以传统

瑞士人是作性的，所以发达

日本人是太性的，所以安定

墨西哥人是极性的，所以激烈

瑞典人是际性的，所以公允

南非人是即性的，所以和合
俄罗斯人是离性的，所以独立
英国人是场性的，所以中正
美国人是往性的，所以强盛
希腊人是来性的，所以衰弱
新西兰人是复性的，所以适当
尼泊尔人是你性的，所以温合
比利时人是我性的，所以分裂
芬兰人是自性的，所以独立
西班牙人是张性的，所以激动
意大利人是弛性的，所以性感
澳大利亚人是常性的，所以正常
丹麦人是刚性的，所以单纯
捷克人是柔性的，所以委婉
波兰人是韧性的，所以不屈
加拿大人是随性的，所以适宜
犹太人是智性的，所以创造
土著是天性的，所以自然

诸个性之说明

1. 一、二、际是宇宙最大的形态。它是天性，是最大的个性。一、二、际统了阴阳能。其下统御了宇宙浑，太极际、动定作、即离场等各组个性。

一性即指合、同一，无分别，无阶级。它的特征是阴、是坤、是宇、是来、是定、是太、是神、是你、是随、是弛、是柔。

二性即指分、不同，有分别，有阶级。它的特征是阳、是乾、是宙、是往、是动、是离、是物、是极、是身、是我、是智、是张、是刚。

际性即为一、二之际，为有一有二，无一无二；是一是二，非一非二；即一即二之质性。

2. 阴阳能是宇宙最大的质性，其下统了乾坤易、往来复、身情神、你我自等各组个性。

阴性指相对阳性而言，冷寂的状态。

阳性指相对阴性而言，热燥的状态。

能性指有阴阳相互作用的质性。有阴有阳，无阴无阳；是阴是阳，非阴非阳；即阴即阳。

3. 宇宙浑它是地性。

宇性，即指空间性。

宙性，即指时间性。

浑性，即指时间与空间交融。有宇有宙，无宇无宙；是宇是宙，非宇非宙；即宇即宙。

4. 乾坤易它是人性，是人的最大的个性。

乾性即指阳性主导的系统，主动，乾生能。乾是进取，乾是授，乾性族群全体倾向于男性性格，乾性主导了往、动、极、离、身。

坤性即指阴性主导的系统，主静；坤用能。坤是因应，坤是受，坤性族群全体倾向于女性性格，坤性主导了来、定、太、即、神。

易性即为乾坤之际。易主在、主作。易是生能、用能的。易是动静相宜的。易是得当，易是授、受。易性主导了在、作、际、场、情。

5. 太极际主要指质性上的对立程度。

太性即平和性，无端，无极。

极性即是极端性、有端、有极。

际性即指太、极之际。际为非太非极、是太是极、有太有极、无太无极、即太即极。际性的特征是易、是能、是浑、是复、是场、是作、是常、是人、是宜、是韧。

6. 往来复主要指各族群在时间上的价值倾向。

往性即由此及彼、由近及远变化的个性，具有进取性、生发性，由现在面向未来。

来性即由彼及此，由远及近变化的个性，具有消极性、收敛性，由现在面向已往（过去）。

复性即往来之际，是非来非往、是来是往、有来有往、无来无往，它主长，在生长的过程之中，具有当下性、其本性是中正的。

7. 动定作主要指人们作息的状态。

动性即高频率的变化，近于不定，是主动。动是勤奋、进取、欲赢（不输）。动的根性是乾性、往性、二性、极性。

定性即低频率的变化，近于不动。定是休闲、舒适，淡于输赢。定的根性是坤性、来性、一性、太性。

作性乃自动，作处于非定非动的状态。作是自动。作在乾坤之际，往来之际，一二之际，太极之际。作，是动是定，非动非定，有动有定，无定无动；即定即动。

8. 身、情、神主要指人们的生活重心的侧重。

身性指以生理生活、物质生活为主导的文化个性。

情性指以心理生活、情感生活为主导的文化个性。

神性指以精神生活、宗教生活为主导的文化个性。

9. 即离场主要是指各种（包括文化、心性之力）的相对、相待之状态。

离性即背离、不即，离的基本特质是分，相对、相待的没有交集。

即性即和合、难以分离，即的基本特质是合。

场性即是即离之际，是不即不离。即离在分合上平衡，保持张力。

10. 你我自主要标示人们如何设置自己与他人的利益和社会关系。

你性即以与他人平等互动的方式处理利益与社会关系的个性，依赖他人，互相依赖。

我性即以自我为重心处理利益与社会关系的个性。

自性即在自己的范畴内处理利益及社会关系，极少有互动，交流。

11. 张弛常指族群的不同气性。

张性即紧张，有力、张扬。

弛性即松弛，舒缓、平和。

常性即张、弛之际，正常、平常。

12. 刚柔韧指族群的不同质地。

刚性，硬实乃至易断裂。

柔性，松软乃至于不断。

韧性，刚柔之际，结实有力而富有弹性。